REVUE ITALIENNE

CAS DE FÉCONDITÉ
CHEZ UNE MULE

ACCOMPAGNÉ

De considérations sur les hybrides du genre equus.

TRADUCTION DE M. MOLINIER

VÉTÉRINAIRE A MARSEILLE

(Extrait des *Annales de Zootechnie*).

LANGRES

IMPRIMERIE DU *Spectateur*, A. VALLOT ET Cᵉ

24, rue de la Coutellerie, 24

1875

CAS DE FÉCONDITÉ CHEZ UNE MULE

ACCOMPAGNÉ

De considérations sur les hybrides du genre equus.

Le 1er juin dernier, dans la villa de Gravina (en Pouille), une mule appartenant au sieur Jérôme Spaluti, était dès le matin attelée à la charrue dans la métairie dite Ricupa, lorsqu'elle donna des signes de souffrances en se jetant à terre à diverses reprises. Sortie des traits, elle s'éloigna de quelques pas, et là, s'étant de nouveau couchée, à neuf heures du matin, sous les yeux de Joseph Nardone, Michel Parulli, François Loglisci et Jean Colangelo, travaillant au service de M. Jérôme Spaluti, elle avorta d'un fœtus mâle de 7 à 8 mois.

Aussitôt le propriétaire fit constater l'état de la mère et du fœtus par l'autorité municipale de Gravina, ainsi que par les docteurs Michel Pellicciari, Joseph Abruzzese, François Raguso, médecins chirurgiens, et par MM. Michel De Marinis et Augustin Alvino, vétérinaires, tous domiciliés à Gravina, lesquels signèrent eux aussi le certificat, que la municipalité de Gravina délivra à M. Spaluti pour établir l'authenticité du fait. Après quoi, M. Spaluti eut l'heureuse idée de faire don du dit fœtus au cabinet d'anatomie comparée de notre université, en me fournissant avec complaisance les renseignements que je lui demandai et en me délivrant une copie de l'attestation de la municipalité ; ce dont je le remercie publiquement.

La mule en question, étant née en 1855, compte environ 19 ans, presque 20 ans, époque à laquelle cesse la fécondité chez les juments, quoique chez les ânesses elle dure plus longtemps, puisqu'on la fixe à 30 ans. Sa taille est de 1m 44 cent., poil bai-brun, sans marques particulières. Le 1er jour elle donna du lait par le trayon droit et ensuite des deux côtés et la sécrétion continuait encore le 10 juin.

Quant à la fécondation de la mule, voici dans quels termes s'exprime dans sa lettre M. Spaluti. « Il est très-« probable et presque certain qu'elle a été fécondée en « octobre ou novembre dernier par un âne de mon « écurie, du même âge que la mule, de la taille de « 1ᵐ 35, sous poil bai-chatain, mais je ne puis exclure « la possibilité qu'elle ait été saillie par mon cheval qui « de même que l'âne, mais moins souvent, avait l'habi-« tude de se détacher, et sautait quelquefois sur les « mules renfermées dans l'écurie. Voici le signalement « du cheval : 16 ans, taille 1ᵐ 47, poil bai-brun. Voilà « tous les renseignements que je puis vous donner. »

Je présentai à l'Institut le fœtus de la mule de Gravina déjà admis dans les collections du cabinet d'anatomie comparée avec le numéro 3345.

Tel qu'il est, c'est-à-dire conservé dans l'alcool, il pèse 3 kilog. 300 gram. et cependant on peut préjuger son volume total par la conformation de ses sabots, car le fœtus étant âgé de 7 à 8 mois, comme nous l'avons dit, la muraille permanente du pied n'est descendue que des deux tiers.

Le corps est tout couvert d'un poil noir abondant sans marques spéciales ; cependant on observe quelques traces de bai-chatain à la face, au dessus de la commissure des lèvres et à la région anti-brachiale antérieure, ainsi qu'au tiers antérieur de la cuisse jusqu'au grasset, avec des traces de poil gris d'âne dans les régions inguinales et tibiales internes.

La tête est relativement grosse et se rapproche de celle de l'âne, les narines sont peu développées et les oreilles considérablement longues. La mâchoire inférieure est plus courte d'environ 4 centimètres que la supérieure (1), d'où l'on peut conclure que quand même

---

(1) Il est à noter qu'une semblable monstruosité fut observée sur un fœtus avorté par une mule en Algérie en 1862 et étudiée par M. Liard, vétérinaire militaire français. Le cas est rapporté par Sanson : *Economie du bétail*. Paris, 1866, 2ᵉ partie ; et le fœtus est exposé à l'école de médecine d'Alger.

il serait né le onzième ou le douzième mois, c'est-à-dire à terme, le nouveau-né n'aurait jamais pu se nourrir en suçant le lait de sa mère.

A l'encolure la crinière est bien développée à la manière des mulets; le corps est petit et maigre, la croupe et le tronc tiennent du mulet et les testicules ne sont pas encore descendus. Sur les côtés du fourreau on remarque deux tétines bien formées, comme chez les ânes.

Les membres sont faibles et paraissent longs, plus que chez un cheval ou un mulet proprement dit, les phalanges sont semblables à celles des ânes. Les châtaignes se retrouvent seulement dans le bipède antérieur, comme chez ces derniers, elles sont grosses; on n'en trouve pas la moindre trace dans les membres postérieurs. La queue est courte, peu fournie à sa base; elle possède à son extrémité des crins abondants comme chez les mulets.

D'après l'ensemble des caractères du fœtus en question nous sommes conduits à croire que vraiment l'âne mentionné par M. Spaluti, plutôt que le cheval, a fécondé la mule de Gravina, et cette circonstance ajoute une importance majeure d'autant plus que les auteurs connus et pratiques disent à propos de la mule ce que dit lui-même M. Sanson : *Il n'y a aucun fait connu de fécondation par l'âne.*

En effet des exemples de mules fécondées ont été enregistrés dans les annales de la science; mais toutes ces mules ont été couvertes par des chevaux et leurs produits que nous appellerons avec de Nanzio *mionippi*, (ayant trois quarts de sang de cheval) ressemblèrent plutôt aux chevaux qu'à la mère; de même qu'il est connu et même bien prouvé que les produits des croisements des diverses races chevalines sont semblables au père lorsqu'on regarde la tête et le point d'attache compris, le bas des membres et la queue, et ressemblent à la mère par la taille et la forme de la croupe et du haut des membres.

En résumé, notre fœtus ayant le corps du mulet a la tête et le bas des membres de l'âne, présentant des traces de poil bai-chatain et gris d'âne exclusivement à la face et aux membres; notons bien que l'âne qui aurait fécondé la mule de M. Spaluti était bai-chatain. Le fait de l'absence des chataignes postérieures que l'on ne trouve pas chez les ânes mérite beaucoup d'attention, car s'il avait été engendré par un cheval, il en aurait eu d'autant plus que la mère en était pourvue, comme nous l'assura le propriétaire que nous interrogeâmes dans le doute, parce que les postérieures peuvent manquer quelquefois, quoique rarement, chez les mules et lez mulets proprement dits. Notons encore les petites tétines des côtés du fourreau comme chez les ânes.

Cependant si l'on connaît beaucoup d'exemples bien avérés de mules fécondées par des chevaux (1), malgré

(1) Il est prouvé que dans les anciens temps on considérait la fécondation d'une mule comme un prodige annonçant de grands événements, et il existe en Orient un proverbe arabe bien connu qui dit, en le traduisant littéralement : *Le jour où la mule aura un fils, la femme deviendra homme et l'homme deviendra femme.* Dans les ouvrages érudits faits à la même époque traitant cette matière, on lit que la mule de Zapir mit bas avant la prise de Babylone faite par Darius; une autre citée par Hérodote pendant que Xerxès passait l'Hellespont; une autre mentionnée par Jules Ossequente avant la déclaration de la guerre entre César et Pompée. Valérien parle d'une mule qui engendra à Rome en 1518, année célèbre par la protestation de Luther; et Guicciardini signale tout particulièrement une mule, qui, accouchant dans le palais de la chancellerie en 1527 prédit, selon de vulgaires croyances, le sac de Rome. Aristote, Pline, Varron citèrent des cas de part ou d'avortement de mules et Scaliger, commentant Aristote, parla d'une mule qui produisit deux fois. Bonnet rapporte deux cas de fécondité de mules; mais la plus féconde de toutes à ma connaissance, fut celle dont il est question dans Buffon (tome XXIX, page 377) qui à Valence eut, de 1763 à 1776, cinq produits d'une beauté remarquable, mais qui cependant moururent dans leurs premières années.

Cependant il est prouvé que les mules avortent facilement, et leurs produits arrivent difficilement à l'âge adulte; il est également

de très-minutieuses recherches, je ne trouvai mention-
nés que très-peu de cas de fécondité de mules couvertes
par des ânes, je n'ai jamais trouvé non plus qu'on ait
donné un nom particulier au produit de l'âne et de la

prouvé que cette fécondité est plus fréquente dans les pays chauds
comme l'Italie, l'Espagne, la Grèce, l'Algérie, l'Egypte, les Indes
Orientales. Les seuls faits qui à ma connaissance fassent exception
sont les suivants : Celui dont parle Bréhin à propos d'une mule
qui en 1759, à Ottingue, eut d'un étalon un produit semblable à un
poulain du genre cheval ; il en différait à peine par un peu plus
de longueur dans les oreilles. Un autre poulain naquit dans un vil-
lage de Suisse, également produit par un cheval et une mule, mais
ce malheureux, considéré comme un monstre de mauvais augure,
fut immédiatement abattu par les paysans. Enfin M. Lecomte, vétérinaire dans le département de la Manche, parle d'une mule qui,
fécondée par un cheval, mit bas à Montpichon en 1844, qui se
trouve dans les zònes tempérées de la France occidentale. (*Bull. de
la Société nation. et centrale de méd. vétér.*, 1850).

Dans nos provinces méridionales les cas qui ont été enregistrés
sont nombreux, et déjà Pontano (*De bello Neapolitano L. II*) parle
d'une mule qui produisit un cheval. Le cas d'une mule de
3 ans qui produisit un mulet qui s'éleva très-heureusement
arriva à Palerme en 1703 et fut rapporté dans le *Journal de Tré-
voux*, octobre de la même année, page 82 et ensuite dans le *Dic-
tionnaire de Valmont de Bomart* (Traduction italienne, article
Mulet, 1795.) — Le père Della Torre en 1769 fit à propos des
mules fécondes, observées à Naples dans les races de don Carlo de
Marco et du prince de Francavilla, un rapport particulier à l'académie française qui l'en avait chargé, dans lequel il signale la mule
qui, en 1750, mit bas dans les écuries de Charles III, un beau
mionippo qui servit jusqu'à un âge avancé dans la cavalerie royale
commandée à cette époque par le duc de Termes.

Le mémoire de de Nanzio concernant la mule d'Anzano en
Capitanata et son petit (publié dans les *Atti del Congresso di Napoli*
et plus tard dans trois autres éditions) est certainement le plus
beau travail à ce sujet, il est suivi d'un autre du même auteur inti-
tulé : Autre cas de production d'une mule avec l'analyse de son lait.
(*Atti del Instit. d'incoragg..., di Napoli*, 1873, vol. IX.) — Dans la
Revista agronomica del Corsi, vol. I, 1857, le professeur A. Cristin
raconta le cas d'une mule des Abruzzes qui fécondée par un poulain
de deux ans avorta, après un incendie, d'un fœtus de trois mois qui
a été étudié et qui est conservé dans la collection privée du docteur
Colaprete à Campo di Giove. Dans la même revue Parocco Mucci
écrivit la même année sur la fécondation et l'avortement d'une mule.

mule, qui, étant trois quarts de sang âne, doit notablement différer du *mionippo*, produit du cheval et de la mule.

Par analogie au *mionippo*, le produit de l'âne avec la mule ainsi qu'avec la femelle du bardot pourrait se désigner sous le nom de *onomione*, de *onos* âne et *myonos* mulet.

Un cas de mule féconde qui mit bas en juillet 1868, près de Marionopoli, en Sicile et dont le produit vécut et vit peut-être encore, fut rapporté par Négroni. (*Arch. de la vétérin.*, Naples, 1868, vol. VIII.)

Dans l'ouvrage de Sanson, déjà cité, il est question de cas analogues dont un est celui observé par Lecomte en France en 1814, dont nous avons déjà parlé; un autre en Algérie en 1840 par le capitaine Mangin de l'Epine et un autre également en Algérie par le vétérinaire militaire Liard. Enfin le fœtus d'une mule décrit par Gratiolet dans les *Comptes-rendus de l'Institut*, de 1858, n° 1267.

Il y a encore d'importants écrits sur ce sujet, entr'autres l'ouvrage du savant Brugnone : *Traité des races des chevaux*, Turin, 1781; les travaux estimables de G. Samuel Morton sur l'hybridation en général : Hybridity in animals considered in reference to the question of unity of the human species. Silliman a. Dana américan journal of sciences a. Arts. 2 séries vol. III, 1847. — Letter to the Reo. J. Bachman on .the question of Hybridity, chaleston Med. Journal a. Review, 1850. vol. V. — Notes of Hybridity in animals a. On some collateral subjects. Même journal, 1851, vol. VI. — Comme travaux particuliers, outre le mémoire contradictoire de Caldani : Examen de quelques brochures traitant la fécondité chez les mules, le travail de Prangé mérite aussi d'être consulté; Rapport sur la fécondité des mules, lu à la Société centrale Vétérinaire de Paris à propos de la mule de Montpichon, et inséré dans le *Bulletin* ; Broca P. Sur les principaux hybrides du genre Equus, sur l'hérédité des caractères dans les métis, et sur la fécondité des mules, ainsi qu'un mémoire bien écrit : Sur l'hybridité en général, sur la distinction des espèces animales et sur les métis obtenus par le croisement du lièvre et du lapin. Journal de la physiologie de l'homme et des animaux. Broun. Sequard, 1859, avril, n° 6

Le produit d'une mule arabe et d'un cheval bai né près d'Orléansville, le 24 avril 1873, fut décrit par Salle dans le *Bulletin de la Société centrale de Médecine Vétérinaire*, Paris, 1873, t. VIII, page 185, et vit actuellement dans le Jardin d'acclimatation de Paris. La mère pleine fut sauvée à temps du fanatisme des Arabes, qui voulaient la tuer à tout prix, afin que la prédiction du proverbe ne pût s'accomplir.

Les cas enregistrés de mules fécondées par l'âne, portés à ma connaissance sont les suivants :

I. — Celui observé à Saint-Domingue en 1769 raconté par Buffon (1), qui en fut prévenu par lettres du gouverneur de cette île, M. de Bory. Le 14 mai de ladite année, une mule accoucha en plein jour d'un produit à terme ainsi décrit : « Le muleton paraissait être à terme et bien conformé et, par l'apparence de son poil, de sa tête et de ses oreilles, il a paru tenir plus de l'âne que les mulets ordinaires. »

II. — Un autre cas dont Castelnau donne connaissance à l'Académie de France (2), en ces termes : « Un fait assez rare que j'ai eu occasion d'observer il y a peu de temps à Arequipa, est celui de la fécondité d'une mule. Cette mule a engendré deux fois : 1° A l'âge de 7 ans avec un âne et a produit un mulet semblable en tout aux autres animaux de ce nom ; 2° A l'âge de 9 ans avec un cheval : cette fois elle a produit une véritable jument, assez chétive et de petite taille. »

III. — Un cas observé à Stradella en Piémont par le vétérinaire L. Comelli (3), d'une mule qui n'avait eu des rapports qu'exclusivement avec des ânes et qui, à la suite d'un voyage pénible avorta d'un fœtus de quelques mois. La brièveté des oreilles que Comelli fait ressortir, n'infirme en rien la certitude de la paternité, car ce peu de longueur tient plutôt à l'âge du fœtus, ayant moi-même observé que dans les fœtus d'âne de quelques mois les oreilles sont très-courtes et prennent plus tard un grand développement.

IV. — Un cas survenu au Caire en 1864, qui donna

(1) Supplément à l'*Histoire naturelle*, Paris, 1777, t. V.

(2) Observations relatives à quelques animaux domestiques de l'Amérique Méridionale. *Comptes-rendus de l'Ac. des Sc.*, 1846, t. XXII, page 1002. Le même fait est aussi rapporté dans le *Journal des Haras* de la même année et par Gherardi, opuscules d'hippologie, Florence, 1853, page 33.

(3) *Journal di médic. veterin. della Scuola di Torino*, 1857, 5ᵉ année.

lieu à une enquête et dont la connaissance produisit une grande émotion parmi le peuple. Le vétérinaire Mahommed-Asmani-Effendi constata le fait devant la haute autorité le 27 juin de la dite année. La mule appartenait à Ibrahim, tailleur de pierres à Dar-el-Ahmar, elle avait 22 ans et n'ayant pas de lait elle ne put allaiter son produit. Le propriétaire a toujours assuré qu'elle avait été fécondée par un âne. M. Foublauche, du consulat britannique à Alexandrie, communiqua à Darwin une note relative à ce cas de parturition, on peut la lire dans la *Natural History Review*, 1865, page 147.

V. — Enfin nous rapportons le cas d'un bardot (femelle) qui à Lepino fut fécondé par un âne ; ce fait est décrit par Mucci (1). Ici la paternité est très-certaine et l'avortement eut lieu le 11 novembre 1857, à cinq mois par suite d'un voyage pénible où la mère fut surprise par un temps affreux. Mucci s'exprime ainsi dans sa Revue :

« Le fœtus avait la grandeur d'un mâtin avec l'épi-
« derme tout-à-fait dénudé de poils. Il avait la tête de
« l'âne, mais plus vilaine et plus repoussante, car elle
« était beaucoup plus développée qu'à l'état normal,
« le haut du chanfrein un peu plus saillant que les
« parties inférieures et pour ainsi dire refoulé vers
« le haut, et le front avec un enfoncement dans le
« milieu, formait une sinuosité horizontale, qui en aug-
« mentait encore le volume. Tout le reste était normal
« jusqu'aux parties sexuelles femelles qui étaient très-
« visibles. ». Un fœtus aussi curieux n'a pas été conservé.

Avant de nous étendre davantage sur les hybrides du genre *Equus* et leur fécondité, nous présentons réunis dans un seul tableau tous les faits de ce genre connus jusqu'à ce jour.

(1) Fécondation et avortement d'une mule. Revue agronomique déjà citée, Naples, 1857.

HYBRIDES DU GENRE EQUUS
CONNUS JUSQU'A CE JOUR.

CHEVAL et ANESSE   ANE et JUMENT

BARDOT   BARDOT femelle(1)   MULET   MULE
considéré infécond. | considéré infécond |

CHEVAL et BARDOT   ANE et BARDOT   CHEVAL et MULE.   ANE et MULE
(femelle)   (femelle)   MIONIPPO   ONOMIONE
?   Hybride décrit par Mucci.

CHEVAL et HEMIONE (femelle)   HEMIONE et JUMENT

HYBRIDES
Cités par Geoffroy S.-H. dans plusieurs publications, par Broca (2) et par A. M Edwards (3).

CHEVAL et COUAGGA (femelle)   COUAGGA et JUMENT
?   HYBRIDE obs. par lord Marton
         cité par Darwin (4)

Avec un cheval arabe
Hybride de 2e génération. Brehm (5)

CHEVAL et ZÈBRE (femelle)   ZÈBRE et JUMENT
| ?
HYBRIDES cités par.. { Rudolphi [6] / Deterville [7] / Cuvier [8]

ANE et ZÈBRE (femelle)   ZÈBRE et ANESSE
| |
HYBRIDES cités par { Giorna [9] / Cuvier [10] / Darwin [11]

HYBRIDE   HYBRIDE

Avec un cheval poney   Avec un cheval poney
Hybride de 2e génér. Brehm [12].   Hybr. de 2e génér. Brehm [13]

ANE et HEMIONE [femelle]   HEMIONE et ANESSE (a)

HYBRIDES observés par.... { Gray et cités par Darwin [14] / Geoffroy S. H. [15] / A. M. Edwards [16]

HEMIONE et ZÈBRE [femelle]   ZÈBRE et HEMIONE
HYBRIDE cité par Brehm [17]   ?

HEMIONE et COUAGGA [femelle]   COUAGGA et HEMIONE
HYBRIDE cité par Brehm [18]   ?

ANE et DAUW [femelle]   DAUW et ANESSE (aa)
HYBRIDE cité par Brehm [19]   ?

(1) Par une singulière équivoque, observée dans les analyses que firent du mémoire de de Nanzio l'*Edinburgh New philosophical journal*, 1849, vol. XLVI, page 378, les auteurs français comme Sanson, Broca et autres, croient qu'en Italie on donne le nom de mulet au bardot et vice versâ, et croient également que dans l'Italie Méridionale on ne trouve que des bardots sous le nom de mulet; d'où il résulte que les cas de fécondité de mules observés dans ces provinces sont tous attribués aux bardots (femelles). Il est prouvé au contraire que nous préférons et que nous avons adopté les mules et les mulets, seulement ceux-ci se trouvant en proportion pour la taille avec la petitesse de la race indigène des chevaux, quelques auteurs peuvent les avoir confondus avec les bardots. Il semble que le père Della Torre soit tombé dans pareille erreur dans son rapport précité, fait en 1869 à l'académie de France, dans lequel existe probablement l'erreur du journal d'Edinburgh, ce qui semblerait prouver que cette croyance est réellement accréditée en France même en notre siècle. En vérité, les bardots sont peu connus dans les provinces méridionales de l'Italie où ils sont vulgairement appelés *canzirri*, mot arabe qui veut dire porc et que les Arabes emploient communément comme terme de mépris; il semblerait donc avoir été appliqué au bardot à cause de son entêtement et de son naturel pervers. Le seul cas connu de fécondité de bardot (femelle) est celui décrit par Mucci, cité plus haut. *Rivista agronomica del Lorsi*, 1857, Naples.

(2) Déjà cité. — Les deux individus que sous le nom d'onagres S. A. le vice-roi d'Egypte donna en 1855 à l'impératrice des Français furent décrits par Geoffroy S.-H. comme appartenant à une nouvelle espèce : *Equus hemippus*, laquelle espèce ne fut pas adoptée. Ces animaux provenaient d'un chef arabe Athar-Bey qui disait les avoir pris dans le désert syrien. D'après les dessins qui en furent faits à l'époque et qui furent publiés dans le journal l'*Illustration universelle* de 1856, il y a beaucoup à penser qu'ils n'étaient autre chose que les hybrides de l'hémione (femelle) et du cheval, d'autant plus qu'ils avaient la taille de l'hémione, la tête du cheval, les membres de ce dernier, ainsi que la queue bien fournie de crins jusqu'à la base. Notons cependant, si les figures sont exactes, le manque des chataignes postérieures. Geoffroy dans son *Compte-rendu*, 1855, croit que ce sont les mulets syriens féconds d'Aristote, mais il est plus admissible que ce sont les hémiones de la variété syrienne bien connue.

(3) *Bull. de la soc. d'acclimatation*, 1869, page 180, et *Nouv. arch. du Museum*, 1870.

(4) *De l'origine des espèces*, Paris. 1862, pages 236 et 237.

(5) *La vie des animaux*, Turin, 1872. 1re partie, page 404. Il y

est rapporté que la jument arabe bai-chatain de lord Marton qui s'accoupla d'abord avec le couagga, et ensuite avec un étalon noir, donna trois fois de suite des poulains plus ou moins rayés transversalement à la manière du couagga ; ce fait est vraiment étrange et ne s'est jamais reproduit d'une manière bien certaine dans les diverses espèces de nos animaux domestiques. Certainement et dans l'état actuel de nos connaissances ce fait est inexplicable.

(6) *Beitrage zur Anthropologie*, Berlin, 1812.

(7) *Diction. d'hist. natur.*, Paris, 1816, tome IV, page 331.

(8) *Règne animal*, 3ᵉ édition. Bruxelles, 1836, page 156. Nous avons vu un zèbre femelle produire successivement avec l'âne et avec le cheval.

(9) Observation sur un zèbre métis. *Mém. de l'acad. de Turin*, 1803.

(10) Déjà cité.

(11) Déjà cité.

(12) Déjà cité. Rappelons que lord Clive accoupla le zèbre femelle avec un âne étalon peint comme le zèbre. Les hybrides obtenus ensuite à Paris et Schonbrunn et celui observé à Turin par Giorna provinrent d'accouplements obtenus sans aucun artifice.

(13) Déjà cité.

(14) Déjà cité.

(15) *Acclimatation et domestication des animaux utiles*, 4ᵉ édition, Paris, 1861. Un hybride d'âne et d'hémione fut observé par I. Geoffroy S.-H. Cet hybride s'accoupla avec un hémione (femelle) et mit bas un an après ; mais comme il n'est pas certain d'une manière absolue qu'elle n'ait été fécondée par un hémione, il s'en suivrait que cette observation serait sans importance.

(a) Dans l'*Année scientifique* de Figuier, de 1857, il est dit que l'hybride mâle de l'hémione et de l'ânesse est fécond. Un individu mâle bien vigoureux aurait produit plusieurs fois avec des âness s et une fois avec une femelle d'hémione ; malheureusement la notice est privée de toute espèce de détails et surtout des dates relatives à la généalogie de cet hybride fécond.

(16) *Nouv. arch. du Museum*, 1870. On y trouve la description du produit de l'Hemionus var. syriacus avec l'âne sauvage d'Abyssinie.

(17) Déjà cité.

(18) Déjà cité.

(19) Déjà cité, page 390.

(aa) Figuier, dans la *Vie et mœurs des animaux*, rapporte que dans le jardin zoologique de Lord Derby, à Knowsley, l'hémione a produit avec le dauw (Equus Burchellii) ; mais il n'est donné aucun détail, il ne décrit pas même les produits.

D'après les connaissances bien certaines acquises jusqu'à présent, on peut dire que l'hybridation dans le genre *equus* serait de second ordre, d'après la classification de Morton, contrairement au fait que l'hybride, infécond avec ses semblables, est plus ou moins fécond avec les espèces mères, lequel mode d'hybridation a été appelé *disgénésique* par Broca ; pour le présent nous devons admettre, pour les divers groupes du genre *equus*, la fécondité seulement dans l'hybride femelle, jusqu'à de nouvelles recherches. Notre tableau montre néanmoins les problèmes qui sont encore à éclaircir, et les faits à rechercher par l'expérimentation.

I. — Les mulets et les bardots furent en tous temps et en tous lieux considérés comme inféconds. Les anciennes observations de Hebentreit et de Walter et Hansel ; celles plus récentes de Gleichen, de Bory St-Vincent et de Prevost et Dumas, comme aussi celles de notre collègue professeur de Martino et de Nanzio et Gasparini et celles plus récentes encore de Hausmann et de Hanovre démontrèrent que leur semence est dépourvue de spermatozoïdes. J'aime à croire que les observations ont été faites par chacun des observateurs précités avec tous les soins voulus, qu'elles n'ont pas été faites sur des sujets trop jeunes ou trop vieux ou morts depuis un certain temps, mais par contre sur des cadavres frais, ou sur des testicules amputés sur des individus aptes au coït, ou encore en employant le sperme évacué pendant le coït d'animaux jeunes et robustes.

Car si les choses en étaient autrement, on devrait citer encore tout ce que Brugnon a dit dans son traité des races de 1781 déjà cité. « En réalité l'anatomie ne
« laisse rien à désirer pour ce qui concerne les aptitudes
« à la génération du mulet et de la mule, il n'y a rien
« qui puisse faire croire à leur stérilité : le mâle a les
« testicules, la verge, les vésicules séminales et une
« abondante provision de semence, contenant ces petits
« vers spermatiques, mobiles et vigoureux comme
« ceux contenus dans le sperme du cheval, quoique le

« docteur Hebenstreit prétende que ces mêmes animal-
« cules manquent dans la semence du mulet, d'où il a
« déduit que leur stérilité est absolue. »

Laquelle de ces assertions devons-nous préférer, puis-
que moi aussi je n'ai pas trouvé de zoospermes dans le
liquide bien formé des vésicules séminales de deux
mulets morts en août dernier et que mon collègue G.
Giaccio, professeur de l'Université de Bologne, m'assu-
rait avoir trouvé des zoospermes vivants et vigoureux
semblables sous tous les rapports à ceux du cheval, sur
un mulet de demi-âge mort à Parme, il y a trois ans, au
commencement du printemps. Broca adopte aussi l'o-
pinion de Brugnon, disant que la recherche des zoospermes est classée parmi les observations microscopiques
les plus faciles et les plus évidentes ; il admet aussi la
possiblité de prouver que le sperme n'a pas la même
composition chez tous les mulets, d'où il révoque en
doute leur impuissance proverbiale et absolue à se reproduire ; cette thèse, en vérité, ne sera niée avec toutes
les rigueurs de la logique que lorsqu'on aura expéri-
menté avec des mulets pourvus de zoospermes, leur
accouplement avec des juments et des ânesses ou encore
avec des mules en chaleur et que ces expériences répé-
tées auront constamment fourni des résultats négatifs.
Après cela resterait encore à éclaircir la question des
femelles dont nous parlerons plus loin.

II. — Tout ce que nous avons dit pour le mulet peut
très-bien s'appliquer au bardot, et aux autres hybrides
mâles du genre *equus* ; tandis qu'en faveur de la fécondité possible des autres hybrides (femelles) des solipèdes
viennent figurer les exemples de fécondité de l'hybride
femelle fille du couagga et de la jument et les produits
de l'âne avec le zèbre (femelle) et du zèbre avec l'ânesse,
comme il est inscrit sur le tableau.

III. — Le fait que les mules pleines mènent difficilement à terme le produit de leur conception peut
avoir une raison très-judicieuse, c'est que le moment
de la saillie étant resté ignoré, elles ont été soumises

comme de coutume à des travaux fatigants qui ont provoqué l'avortement. Mais les importantes observations de Hewit et celles de Salter sur le développement des hybrides de faisans et de poules, nous portent à admettre une autre supposition. Tantôt les poussins moururent dans les premières phases de leur développement embryonnaire, tantôt ils furent débiles au point de ne pas pouvoir rompre la coquille de l'œuf ; ou bien nés heureusement, ils moururent le premier jour en très-grand nombre ; ainsi Salter, en dépit des plus grands soins, sur 500 œufs, n'eut que douze produits viables. De même de l'Isle (1) ayant fécondé avec beaucoup de soins les œufs du crapaud vulgaire avec la semence du *Bufo calamita*, ainsi que les œufs de celui-ci avec la semence du premier, obtint un résultat à peu près semblable, car la plus grande partie s'arrêta au beau milieu de son évolution, ou ils moururent vers le terme, ou à l'état de têtards ; d'où aucune des larves hybrides n'arriva à accomplir sa métamorphose complète. Maintenant sans nous étendre sur d'autres citations, nous allons passer aux mules ; nous savons qu'elles ont les organes génitaux complets et aptes à la copulation et à la gestation, mais qu'ordinairement leurs produits périssent dans les premières semaines.

Darwin entre dans le même raisonnement, quand il traite des causes de la stérilité des hybrides en général, et s'il en était ainsi, on ne devrait pas dire que les mules sont généralement infécondes en ce sens qu'elles ne conçoivent pas complètement, mais que leurs produits ont de la difficulté à vivre, à cause de leur organisation provenant de deux essences diverses par la structure et la constitution ; c'est-à-dire que fils de père de race pure, ils ne trouvent pas dans l'utérus d'une mère bâtarde les conditions opportunes et suffisantes à leur complète évolution. A l'appui de cela nous citerons la grande fréquence de l'avortement chez les ju-

---

(1) De l'hybridation chez les Amphibies, *An. Sc. Nat.*, 1873.

ments fécondées par les ânes, ainsi que chez les ânesses fécondées par les chevaux.

Bien que difficiles et éventuelles, il est évident que les observations que l'on ferait à ce sujet, apporteraient un éclaircissement dans la question, qui évidemment sera formulée bien diversement comme il arrive le plus souvent en pareil cas.

IV. — Après les produits des bardots (femelles), notre tableau démontre que de nos jours on connaît très-peu les produits hybrides du zèbre avec la jument, du cheval avec le couagga femelle, de même que ceux du zèbre avec l'hémione femelle et du couagga avec cette dernière ; il est fort probable que moyennant de nouvelles tentatives, on pourrait reproduire ces mêmes hybrides, de même qu'on pourrait essayer des croisements sérieux des autres espèces du genre *equus* avec le dauw.

V. — Outre les résultats de l'expérimentation joints à l'étude du sperme, malgré les connaissances que l'on possède sur la fécondité des hybrides mâles des autres espèces du genre *equus* inscrites sur notre tableau, il serait d'une importance spéciale de tenter le croisement du *mionippo* avec la jument, et vice versâ, et de l'*onomione* avec l'ânesse ou *vice versâ*, parce qu'alors il pourrait se présenter les deux cas suivants :

1º Ou ces hybrides de seconde génération sont stériles et alors ils. seraient frappés de cette loi générale qui limite d'une manière ou de l'autre, la reproduction des hybrides, quelle que soit la cause de leur improductibilité.

2º Ou bien ils auraient des produits avec les espèces mères, mais ces produits auront plus de ressemblance avec les dits hybrides, c'est-à-dire mionippo (femelle) et cheval, et onomione (femelle) avec l'âne ; et en pareil cas ces produits, selon toute probabilité, comparés aux ânes et aux chevaux d'origines pures, n'auront pas des caractères de différences bien marqués, et alors il y aura un retour ou une *réversion,* comme on dit, aux espèces mères. Ce retour fut observé et démontré par Flourens dans les hybrides de chienne et de chacal et à l'inverse des assertions de Broca, il l'observa également dans les *chabins* des Andes chiliennes qui en fin de compte revinrent aux formes du bouc ou de la brebis. De même les célèbres léporides d'Angoulême étudiés par Broca qui avec le temps ne présentaient plus rien de particulier avec les lapins communs. Etant donnée la possibilité d'un pareil retour des hybrides des espèces chevaline et asine aux formes des espèces mères, pour ce qui concerne les caractères du *mionippo*, qui souvent fut reconnu semblable au cheval par ceux qui l'ont vu et décrit, et en rappelant ce que nous venons de dire sur la ressemblance de l'*onomione* avec l'âne, on pourrait aussi supposer qu'un pareil retour serait par trop rapide, après trois générations seulement ; mais d'autre part, quatre générations suffisent aux hybrides du cheval avec le chien, pour revenir aux formes de leurs aïeux. Ce même retour serait plus complet pour les formes asines en ce qui concerne l'*onomione*, que pour celles du cheval en considérant le *mionippo*, car il existe un fait évident : que l'âne a une prépondérance sur le cheval, et que par conséquent les hybrides qui dérivent de leur croisement ont beaucoup plus de ressemblance avec celui-là qu'avec celui-ci.

LANGRES. — IMP A. VALLOT ET Cⁱᵉ.